Forme des raies
d'absorption moléculaire

Forme des raies d'absorption moléculaire

FAHD KAGHAT

À la mémoire de mon père
À ma mère
À Lina

TABLE DES MATIÈRES

INTRODUCTION

En spectroscopie résolue dans le temps, les techniques des transitoires cohérents, qui utilisent des méthodes d'absorption pulsée, permettent l'observation de signaux transitoires pour des systèmes atomiques ou moléculaires en phase gazeuse. Dans l'approche la plus simple, où la distribution Maxwellienne des vitesses moléculaires est négligée, l'amortissement de ces signaux transitoires induit par collisions se présente sous une forme purement exponentielle dont la constante de temps est liée au taux moyen de la relaxation collisionnelle des cohérences ou des populations. Dans le cas d'une précession optique en onde plane progressive, le taux γ qui décrit phénomènologiquement la décroissance de la polarisation induite est tel que $\gamma = 1/T_2 = 2\pi \, \Delta\nu_{1/2}$ où T_2 est le temps de relaxation des cohérences et $\Delta\nu_{1/2}$ l'élargissement induit par pression (HWHM). Cet élargissement homogène se traduit, dans un modèle de collisions fortes, par une forme de Lorentz et nécessite que les taux de collision soient indépendants de la vitesse. L'effet Doppler conduit à un amortissement supplémentaire du signal transitoire qui, en absence de collisions, entraîne une forme Gaussienne de la raie moléculaire. Quand ces deux mécanismes d'élargissement: élargissement par pression (homogène) et élargissement Doppler (inhomogène) contribuent significativement à la largeur de raie, la forme de raie est décrite par la convolution d'une Lorentzienne et d'une Gaussienne, ce qui donne un profil de Voigt.

Plusieurs analyses de forme de raie ont été menées en se référant au profil de Voigt qui néglige les corrélations entre la distribution des vitesses moléculaires et l'efficacité de collision, mais de nombreuses études ont mis en évidence des formes de raies qui s'écartent de ce modèle. Deux mécanismes permettent d'expliquer ces écarts:

i/ les collisions avec changement de vitesse sans perte de cohérence: elles peuvent entraîner un effet de rétrécissement de la forme de raie (Dicke narrowing).

ii/ la dépendance des taux de relaxation et de déplacement de fréquence induits par collision avec la vitesse absolue des molécules actives {Mizushima 1967 ; Coy 1980 ; Pickett 1980 ; Rohart et al. 1997 ; Kaghat 2006 ; Rohart et Kaghat 2010}. Ceci est une conséquence du fait que les taux de relaxation (déplacement de fréquence) dépendent généralement de la vitesse relative des molécules partenaires. Cet effet conduit également à un rétrécissement, voir à une asymétrie du profil. Il est fortement corrélé avec le rapport des masses des partenaires de collision et dépend du type d'interaction collisionnelle.

Dans cette étude, nous présentons un traitement théorique et physique de de la dépendance en vitesse de la relaxation complexe[1], en rappelant brièvement les aspects généraux utilisés pour la description de l'émission transitoire d'un système moléculaire excité de façon cohérente. Nous mettons d'abord en relief les grandes lignes des théories antérieures. Nous présentons ensuite un profil de raie qui suppose une dépendance quadratique de la relaxation et du déplacement de fréquence induits par collision par rapport à la vitesse absolue des molécules actives {Rohart et al. 1994 ; Rohart et al. 1997}. Ce modèle nous a permis l'interprétation des signaux temporels observés par une simple fonction analytique qui représente la transformée de Fourier du profil de raie correspondant. Enfin, l'accent sera mis sur la corrélation de ces effets de dépendance en vitesse avec les masses des molécules partenaires et le type d'interaction collisionnelle.

---

[1] -La partie réelle du taux de relaxation complexe est liée à l'élargissement et la partie imaginaire au déplacement de fréquence induit par collision.

CHOIX D'UNE TECHNIQUE

Pour étudier le rôle de la distribution des vitesses moléculaires sur les taux de relaxation et de déplacement de fréquence induits par collision et donc sur la forme des raies d'absorption, nous proposons une technique de spectroscopie résolue dans le temps (la précession optique) qui apparaît bien adaptée à ce type d'étude. Dans cette méthode, une forte polarisation est préparée dans le gaz en mettant transitoirement la transition étudiée en résonance avec un champ électromagnétique très fortement saturant (impulsion $\pi/2$), la cohérence induite est ensuite responsable d'une émission libre à la fréquence de la raie {Kaghat 2006 ; Rohart et Kaghat 2010}. La figure (1) montre un exemple expérimentale de signal de précession optique[2] obtenu sur la transition $J = 0 \rightarrow 1$ de $HC^{15}N$ en collision avec le xénon à une température de 137 Kelvin.

---

2 -L'amplitude initiale du signal, correspondant au maximum de nutation à l'issue de l'impulsion $\pi/2$, n'est pas donnée par l'enveloppe du signal de précession optique. Cette amplitude est importante par rapport à celle de la première oscillation (fin de la première période). Cet effet est dû à une perte d'efficacité liée à l'échantillonnage: La fréquence d'échantillonnage n'est que de 100 MHz, alors que la fréquence du signal de précession optique est de ≈ 10.5 MHz.

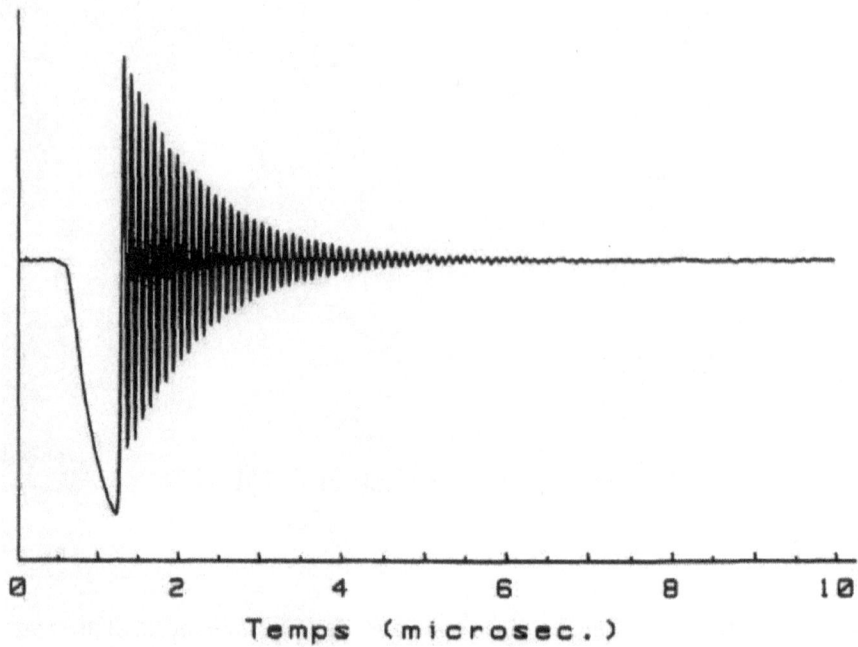

Figure (1) : Signal de précession optique obtenu à 137 Kelvin sur la transition $J = 0 \rightarrow 1$ de HC^{15}N (pression partielle ≈ 0.05 à 0.1 mTorr) en présence du xénon comme perturbateur (pression partielle ≈ 12.91 mTorr). La fréquence moyenne de précession ≈ 10.575 MHz. Le temps T_2 caractéristique de la relaxation de la cohérence (dans un modèle indépendant de la vitesse) ≈ 1.906 µs. Le temps caractéristique de l'effet Doppler $\tau_{Dopp} \approx 3.894$ µs.

L'observation des phénomènes par cette technique de régime transitoire permet une interprétation naturelle des processus. Le signal de précession optique étant proportionnel à la fonction d'auto-corrélation de la polarisation induite à la suite de l'impulsion $\pi/2$, il sera possible de suivre l'évolution temporelle de la cohérence du gaz. Si les effets d'élargissement par pression et d'élargissement Doppler sont considérés comme statistiquement décorrélés, la fonction de corrélation est simplement le produit des deux fonctions de corrélation relatives à chacun des processus séparément. En l'absence de dépendance en vitesse, la fonction de corrélation représentant la relaxation est une pure exponentielle décroissante dans le temps. En revanche, lorsque les collisions qui détruisent la cohérence induite dans le gaz sont caractérisées par des taux dépendants des vitesses moléculaires, le comportement du signal est un moyen sensible qui permet de suivre "l'histoire" de cette cohérence. En fait, les taux de relaxation et de déplacement de fréquence sont, respectivement, des fonctions croissante et décroissante de la vitesse relative des partenaires de collision de sorte que les molécules les plus lentes émettent un champ pendant une durée plus longue et à une fréquence différente par rapport aux molécules rapides. Ceci entraîne un ralentissement de la décroissance temporelle liée à la relaxation et une dérive de la fréquence d'émission au cours du temps.

D'autre part, en comparaison avec les techniques expérimentales de régime stationnaire, la sensibilité des régimes transitoires cohérents est beaucoup plus grande {Schwendeman 1978}, elle permet d'obtenir de très bons rapports signal/bruit à de faibles pressions de gaz actif, ce qui est un avantage pour des expériences à basse température. De plus, l'allure sinusoïdale amortie du signal de précession optique limite les problèmes habituels liés à la définition de la ligne de base et qui sont rencontrés dans les expériences en régime stationnaire. Signalons enfin que la séquence de précession optique induite par commutation Stark est la mieux adaptée à l'étude des effets de la distribution des vitesses sur les profils de raies: la séquence de nutation retardée {Rohart et al. 1987} ne permet d'accéder qu'à un taux moyen de relaxation, alors que les méthodes d'échos de photons ne sont pas très sélectives en fréquence.

MODÉLISATION THÉORIQUE
DE LA FORME DE RAIE

Dans cette étude, nous développons les bases théoriques du calcul de l'émission transitoire d'un milieu interagissant avec un champ cohérent, en considérant les corrélations entre le processus de relaxation collisionnelle et la distribution des vitesses moléculaires.

1. Amortissement temporel du signal de précession optique

1.1 Les équations de Bloch-Maxwell pour une classe moléculaire de vitesse v_a

L'interaction d'une radiation électromagnétique cohérente avec un système quantique (atome ou molécule) peut être décrite par les équations de Bloch-Maxwell {Allen et Eberly 1975, Shoemaker 1978}. Nous commençons par calculer les moments dipolaires induits dans le milieu. La polarisation correspondante agit comme un terme source dans les équations de Maxwell et contribue à créer un champ électromagnétique. Ce formalisme déduit des équations de la matrice densité permet le calcul de la polarisation complexe moyenne $\tilde{p}(r, v_a, t)$ pour un ensemble de molécules à l'instant t, occupant la position r et se mouvant avec la vitesse v_a. La polarisation totale $\tilde{p}(t)$ de l'échantillon est alors obtenue en effectuant la moyenne de $\tilde{p}(r, v_a, t)$ sur toutes les classes moléculaires. Ces équations ont permis l'étude d'une large variété de situations expérimentales: processus de relaxation collisionnelle {Shoemaker 1978}, effet de temps de transit {Mäder 1984} et de vol libre {Rohart et Macke 1981, Le Gouët et Berman 1979}, influence de la valeur finie de la largeur spectrale du champ électromagnétique {Rohart 1986}, collisions avec changement de vitesse {Berman et al. 1975}, propagation non linéaire dans des milieux optiquement épais {Allen et Eberly 1975}.

Considérons un système quantique possédant deux niveaux d'énergie non dégénérés 1 et 2, d'élément de matrice de moment dipolaire électrique μ et de fréquence propre de transition ω_0. On note ω la fréquence associée au champ électromagnétique et L la longueur de la cellule. On se place dans le cadre de l'approximation de l'onde plane polarisée linéairement et se propageant selon oz. A l'aide de la transformation des axes tournants, on réécrit le champ E(z,t) et la polarisation p(z,t) en introduisant leurs amplitudes complexes $\widetilde{E}(z,t)$ et $\widetilde{p}(z,t)$:

$$E(z,t) = \mathrm{Re}\left\{ \widetilde{E}(z,t) \exp\left(i\omega\left(t - \frac{z}{c} \right) \right) \right\} \qquad (1\text{-}a)$$

$$p(z,t) = \mathrm{Re}\left\{ \widetilde{p}(z,t) \exp\left(i\omega\left(t - \frac{z}{c} \right) \right) \right\} \qquad (1\text{-}b)$$

$\widetilde{E}(z,t)$ et $\widetilde{p}(z,t)$ sont des fonctions complexes de z et t, supposées lentement variables à l'échelle de la longueur d'onde et de la période. Avec cette approximation et en faisant celle du milieu optiquement fin qui suppose qu'on peut négliger l'interaction entre l'échantillon et le champ émis par le système moléculaire, les équations de Bloch-Maxwell pour une classe de vitesse $\mathbf{v_a} = (v_{ax}, v_{ay}, v_{az})$ s'écrivent dans le modèle d'onde plane choisi:

$$\frac{\partial\, n(\mathbf{v_a},t)}{\partial t} = -i\left(\frac{E_0}{2\hbar} \right)\left\{ \widetilde{p}(\mathbf{v_a},t) - \widetilde{p}^{*}(\mathbf{v_a},t) \right\} - \gamma(\mathbf{v_a})\big(n(\mathbf{v_a},t) - n_0(\mathbf{v_a},t) \big)$$

$$(2\text{-}a)$$

$$\frac{\partial\, \widetilde{p}(\mathbf{v_a},t)}{\partial t} = -i\left(\frac{\mu^2 E_0}{\hbar} \right) n(\mathbf{v_a},t) + \left\{ i\big[\omega_0(\mathbf{v_a}) - \omega \big] - \gamma(\mathbf{v_a}) \right\}\widetilde{p}(\mathbf{v_a},t)$$

$$(2\text{-}b)$$

$$\frac{\partial \widetilde{E}}{\partial z} + \frac{1}{c}\frac{\partial \widetilde{E}}{\partial t} = -\frac{i\omega}{2\varepsilon_0 c}\,\widetilde{p}(t) \qquad\qquad (2\text{-}c)$$

où la polarisation complexe macroscopique $\widetilde{p}(t)$ résulte d'une moyenne statistique sur toutes les classes de vitesse $\mathbf{v_a}$:

$$\widetilde{p}(t) = \left\langle\, \widetilde{p}(\mathbf{v_a}, t)\,\right\rangle_{\text{vitesse}} \qquad\qquad (3)$$

Les différents termes qui apparaissent dans les équations (2-a) et (2-b) sont définis comme suit:

$$\omega_0(\mathbf{v_a}) = \omega_0 + k v_{az} + \eta(\mathbf{v_a}) \qquad\qquad (4)$$

est la fréquence de transition pour la classe de vitesse $\mathbf{v_a}$, $k v_{az}$ représente la contribution de l'effet Doppler, v_{az} est la composante de la vitesse selon la direction de propagation z du champ irradiant le système et k = $\omega/c \approx \omega_0/c$ est le nombre d'onde. $\gamma(\mathbf{v_a})$ est le taux caractéristique de relaxation supposé égal pour les populations et les cohérences {Schwendeman 1978, Berman et al. 1975} et $\eta(\mathbf{v_a})$ est le taux de déplacement de fréquence induit par collision sur la classe de vitesse $\mathbf{v_a}$. E_0 est l'amplitude du champ e.m, $n(\mathbf{v_a}, t)$ est la différence de population par unité de volume pour la classe de vitesse considérée, $n_0(\mathbf{v_a}, t)$ sa valeur à l'équilibre thermodynamique, $\widetilde{p}(\mathbf{v_a}, t)$ est la polarisation complexe induite sur la classe de vitesse $\mathbf{v_a}$.

Dans la suite de ce traitement, on considère une expérience idéale de précession optique. Cette technique permet de suivre l'histoire de la cohérence préparée dans le système. Dans cette méthode, le gaz est initialement à l'équilibre thermodynamique. En appliquant une brève impulsion résonante et fortement saturante (impulsion $\pi/2$), la polarisation initiale (c'est-à-dire à l'issue du pulse $\pi/2$) induite sur toutes les classes de vitesse est la même. Cette condition est facilement accomplie dans le domaine micro-onde où l'élargissement par saturation lié à la fréquence de Rabi $\omega_1 = (\mu E_0/\hbar)$ est beaucoup plus grand que l'élargissement Doppler.

Nous allons maintenant discuter une situation simple et illustrative correspondant au cas où la distribution des vitesses moléculaires peut être négligée. Soit $\widetilde{p}(0)$ la polarisation induite dans le gaz à l'aide d'une impulsion électromagnétique résonante et intense. Le champ est ensuite commuté à l'instant t = 0 de façon à mettre le système moléculaire hors résonance ($E_0 = 0$ si t >0). La polarisation macroscopique évolue alors comme suit:

$$\widetilde{p}(t) = \widetilde{p}(0) \exp(-\gamma t) \exp\left(i\left(\omega_0 - \omega + \eta\right)t\right) \tag{5}$$

Cette polarisation est la source d'un champ électromagnétique à la fréquence propre ω_0 du système à deux niveaux d'énergie. γ et η sont, respectivement, le taux de relaxation et de déplacement de fréquence induits par pression, qui sont dans ce cas indépendants de la vitesse moléculaire.

Dans le cadre de l'approximation du milieu optiquement fin, et si le temps de transit de l'onde L/c dans la cellule de longueur L est court à l'échelle de temps des variations de $\widetilde{p}(t)$, l'amplitude du champ électrique réemis au bout de la cellule est donnée par intégration de l'équation (2-c), soit:

$$\widetilde{E}(t, L) = -\frac{i\omega\omega}{2\varepsilon_0 c}\,\widetilde{p}(t) + E_0 \tag{6-a}$$

La puissance reçue sur le détecteur est proportionnelle au carré du champ, soit:

$$S(t) \propto \left|\widetilde{E}(t, L)\right|^2 = E_0^2 + \frac{\omega L}{\varepsilon_0 c}\,E_0\left(\frac{\widetilde{p}(t) - \widetilde{p}^*(t)}{2i}\right) \tag{6-b}$$

Le signal observé est donc lié à la partie imaginaire de la polarisation totale $\widetilde{p}(t)$ du système. Le champ émis par l'échantillon montre une décroissance exponentielle amortie et la partie réelle de sa transformée de Fourier donne le profil Lorentzien habituel dans le domaine fréquentiel:

$$I(\omega) \propto \frac{1}{\gamma^2 + \left(\omega_0 - \omega + \eta\right)^2} \tag{7}$$

Ce résultat se comprend facilement: en effet, dans le cas d'une interaction linéaire, la forme de raie représente le gain du système c'est-à-dire la transformée de Fourier de la réponse impulsionnelle du gaz. Dans la limite où le milieu est considéré comme un ensemble de systèmes quantiques à deux niveaux d'énergie et dans la mesure où les effets de collisions avec changement de vitesse sont négligés, on montre facilement dans le cadre de l'approximation du milieu optiquement fin et à partir de l'équation de Bloch relative à la polarisation que le signal de précession optique est la réponse impulsionnelle de l'échantillon moléculaire.

On notera enfin que le terme exp $(-\gamma t)$ dans l'expression de la polarisation (éq. (5)) signifie que les collisions sont décrites par un processus de Poisson avec un taux constant γ.

1.2 Moyenne des polarisations complexes sur toutes les vitesses

On a mis l'accent sur le fait que si la distribution des vitesses moléculaires est négligée, le signal théorique de précession optique se présente sous forme d'une exponentielle amortie caractérisée par un taux moyen de relaxation collisionnelle. Il faut noter que, même dans un modèle de collisions fortes, les taux de relaxation et de déplacement de fréquence induits par pression dépendent de la vitesse relative des partenaires de collision. Chaque classe moléculaire évolue différemment par rapport aux autres classes. Si on considère le cas spécifique d'une expérience idéale de précession optique, le champ E_0 est nul et on pourra écrire l'équation (2-b) sous la forme:

$$\frac{\partial \widetilde{p}(v_a,t)}{\partial t} = \left\{ i\left(\omega_0 - \omega + kv_{az}\right) - \widetilde{\Gamma}^*(v_a) \right\} \widetilde{p}(v_a,t) \qquad (8)$$

où:

$$\widetilde{\Gamma}(v_a) = \gamma(v_a) + i\,\eta(v_a) \qquad (9)$$

est un taux de relaxation complexe incluant les taux de relaxation des cohérences et de déplacement de fréquence induits par pression. L'évolution de la polarisation $\widetilde{p}(v_a,t)$ des molécules de vitesse v_a est donnée par:

$$\widetilde{p}(v_a,t) = \widetilde{p}(0)\,\exp\left(-\widetilde{\Gamma}^*(v_a)t\right)\exp\left(i\left(\omega_0 - \omega + kv_{az}\right)t\right) \qquad (10)$$

En introduisant la distribution Maxwellienne des vitesses moléculaires $f(\mathbf{v_a})$, la polarisation complexe totale s'obtient en additionnant les polarisations complexes induites sur chaque classe de vitesse $\mathbf{v_a}$, soit:

$$\widetilde{p}(t) = \iiint d^3\mathbf{v_a}\, f(\mathbf{v_a})\, \widetilde{p}(\mathbf{v_a}, t) \tag{11}$$

où:

$$f(\mathbf{v_a})d^3\mathbf{v_a} = \frac{1}{\pi^{3/2}\, v_{a0}^3}\, \exp\left(-\frac{\mathbf{v_a}^2}{v_{a0}^2}\right) d^3\mathbf{v_a} \tag{12}$$

est la probabilité de trouver une molécule dont l'extrémité du vecteur vitesse $\mathbf{v_a}$ est dans le volume $d^3\mathbf{v_a}$.

$$v_{a0} = \left(\frac{2k_B T}{m_a}\right)^{1/2}$$

représente la vitesse la plus probable des molécules actives de masse m_a.

Si le milieu est isotrope, les taux de relaxation $\gamma(\mathbf{v_a})$ et de déplacement de fréquence $\eta(\mathbf{v_a})$ dépendent uniquement du module de la vitesse moléculaire, c'est-à-dire de la vitesse absolue $v_a = |\mathbf{v_a}|$ des molécules actives dans le référentiel du laboratoire:

$$\gamma(\mathbf{v_a}) = \gamma(v_a) \; ; \; \eta(\mathbf{v_a}) = \eta(v_a) \; \text{soit} \quad \widetilde{\Gamma}(\mathbf{v_a}) = \widetilde{\Gamma}(v_a) \tag{13}$$

Introduisons les coordonnées sphériques de la figure (2):

$$v_a = \left(v_{ax}^2 + v_{ay}^2 + v_{az}^2\right)^{1/2} \; ; \; \phi = \operatorname{arctg}\frac{v_{ay}}{v_{ax}} \; ; \; \theta = \operatorname{arctg}\frac{\left(v_{ax}^2 + v_{ay}^2\right)^{1/2}}{v_{az}}$$

Le Jacobien de la transformation est:

$$J = \left|\frac{\partial\left(v_{ax}, v_{ay}, v_{az}\right)}{\partial\left(v_a, \theta, \phi\right)}\right| = v_a^2 \sin\theta$$

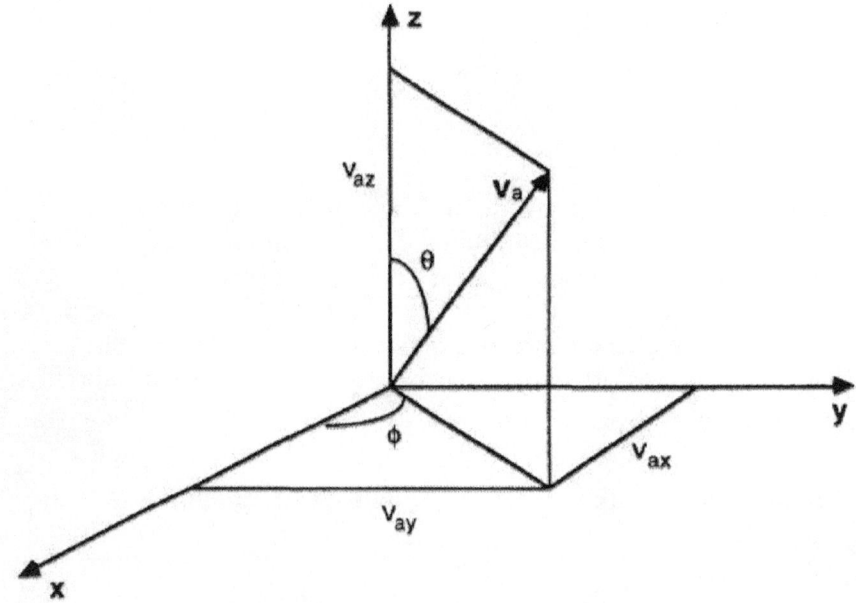

Figure (2) : Coordonnées spatiales v_a , ϕ **et** θ **du mouvement moléculaire dans le système de référence sphérique.**

et on obtient alors:

$$\tilde{p}(t) = \tilde{p}(0)\ \exp\left(i\left(\omega_0 - \omega\right)t\right)\ \int\limits_0^\infty dv_a \int\limits_0^{2\pi} d\phi \int\limits_0^\pi d\theta \sin\theta\ v_a^2\ \times$$

$$\frac{1}{\pi^{3/2}\ v_{a0}^3}\ \exp\left(-\frac{v_a^2}{v_{a0}^2}\right)\cos\left(kv_a\ t\cos\theta\right)\exp\left(-\tilde{\Gamma}^*(v_a)t\right) \qquad (14)$$

En intégrant par rapport à θ et ϕ, il vient:

$$\tilde{p}(t) = \tilde{p}(0)\ \exp\left(i\left(\omega_0 - \omega\right)t\right)\ \int\limits_0^\infty dv_a f(v_a)\ \text{sinc}\left(kv_a\ t\right)\exp\left(-\tilde{\Gamma}^*(v_a)t\right)$$

$$(15)$$

avec $\text{sinc}\ x = \dfrac{\sin x}{x}$

et

$$f\left(v_a\right)dv_a = \frac{4}{\pi^{1/2}} \frac{v_a^2}{v_{a0}^3} \exp\left(-\frac{v_a^2}{v_{a0}^2}\right) dv_a \tag{16}$$

est la probabilité de trouver une molécule de vitesse absolue comprise entre v_a et $v_a + dv_a$. Cette distribution de Maxwell des vitesses est celle qui existe à la fin d'un pulse $\pi/2$ idéal.

L'expression (15) comprend la contribution de l'effet Doppler via le terme sinc($k\, v_a\, t$), alors que la dépendance en vitesse de la relaxation complexe est décrite par le terme $\tilde{\Gamma}(v_a)$.

2. Modèles théoriques pour les taux de relaxation complexes $\tilde{\Gamma}(v_r)$ et $\tilde{\Gamma}(v_a)$

2.1 Dépendance du processus collisionnel par rapport à la vitesse relative des molécules partenaires

Dans un traitement théorique, c'est la vitesse relative des partenaires de collision plutôt que la vitesse absolue des molécules actives, qui permet le calcul des taux de relaxation et de déplacement de fréquence induits par collision. Pour une certaine classe de vitesse relative v_r, le taux de relaxation complexe correspondant $\tilde{\Gamma}(v_r)$ est donné par:

$$\tilde{\Gamma}(v_r) = \gamma(v_r) + i\,\eta(v_r) = n_b v_r \tilde{\sigma}(v_r) \tag{17}$$

où n_b est la densité des molécules perturbatrices. $\tilde{\sigma}(v_r) = \sigma_r(v_r) + i\,\sigma_i(v_r)$ est la section efficace de collision, qui est complexe et s'exprime à l'aide de la fonction d'efficacité de la collision.

a- Dépendance en vitesse relative de $\gamma(v_r)$ et $\eta(v_r)$

Dans le cas général d'une énergie d'interaction en r^{-p} (r étant la distance intermoléculaire), on démontre {Tsao et Curnutte 1962, Boulet et al. 1976} que les parties réelle et imaginaire de cette fonction d'efficacité, notée S_2, sont proportionnelles à:

$$\frac{1}{b^s}v_r^{-2} \quad \text{où} \quad s = 2(p-1) \tag{18}$$

Ce résultat peut être facilement retrouvé à l'aide d'un raisonnement très simple. En effet, la probabilité d'interruption lors d'une collision décrite par le hamiltonien H(t) est approximativement donnée par:

$$S_2 \propto |H(t)\Delta t|^2$$

où $\Delta t \propto b/v_r$ est la durée de collision associée au paramètre d'impact b. Pour un potentiel multipolaire donné, $H(t) \propto 1/b^p$, on obtient:

$$S_2 \propto v_r^{-2} \, b^{-2(p-1)}$$

A partir du comportement de la fonction d'interruption S_2 par rapport au paramètre d'impact b et la vitesse relative v_r des molécules partenaires (voir éq. (18)), il est très facile de trouver la loi d'évolution du paramètre d'impact de coupure b_0 par rapport à la vitesse relative v_r. Soulignons que dans la procédure de "cut-off" d'Anderson, le paramètre d'impact critique b_0 est celui pour lequel la probabilité de transition atteint une amplitude égale à l'unité, soit:

$$S_2 \propto v_r^{-2} \, b_0^{-2(p-1)} = 1$$

ce qui donne:

$$b_0 \propto v_r^{\frac{-1}{(p-1)}} \tag{19}$$

En supposant que les collisions se font sans changement d'état interne de la molécule perturbatrice et que la durée de collision b/v_r caractérisant la collision est petite ou comparable à la période $1/\omega$ associée au changement de phase de l'onde moléculaire, Birnbaum {1967} et Pickett {1980} ont montré que les taux de relaxation γ et de déplacement de fréquence de raie η dépendent de la vitesse relative selon les lois approchées données par:

$$\gamma(v_r) \propto v_r^{\frac{s-4}{s}} = v_r^{\frac{p-3}{p-1}} = v_r^n \tag{20}$$

23

$$\eta(v_r) \propto v_r^{\frac{-3}{p-1}} = v_r^m \tag{21}$$

Les coefficients de dépendance en vitesse relative des taux de relaxation et de déplacement de fréquence induits par divers types d'interaction sont reportés dans le tableau (1).

Type d'interaction	Potentiel $\propto r^{-p}$ p	$S_2 \propto b^{-s}$ s	$\gamma(v_r) \propto v_r^n$ n	$\eta(v_r) \propto v_r^m$ m
$\mu\,\mu$	3	4	0	-3/2
$\mu\,\theta$	4	6	1/3	-1
$\theta\,\theta$	5	8	1/2	-3/4
$\mu\,\mu_{induit}$	6	10	3/5	-3/5
sphère dure	∞	∞	1	0

Tableau (1) : Les coefficients de dépendance en vitesse relative n et m relatifs, respectivement, aux taux d'élargissement collisionnel et de déplacement de fréquence de raie induits par pression.

b- Influence de la température

Par ailleurs, si on suppose que la densité n_b des molécules perturbatrices est liée à la température T du système gazeux par la loi des gaz parfaits: $n_b = P/(k_B T)$, où P est la pression partielle du gaz tampon, et que la partie réelle de la section efficace de collision σ_r est approximativement donnée par:

$$\sigma_r \approx \pi\, b_0^2$$

on montre alors facilement, en introduisant la dépendance en température de la vitesse relative v_r, que l'évolution en température des taux de relaxation induits par collision s'exprime de la façon suivante:

$$\gamma = n_b\, v_r\, \sigma_r \propto T^{-\left(\frac{p+1}{2(p-1)}\right)} = T^{-\alpha} \tag{22}$$

De même, Pickett {1980} montre que l'évolution en température des taux de déplacement de fréquence est donnée par:

$$\eta = n_b \, v_r \, \sigma_i \propto T^{-\left(\frac{2p+1}{2(p-1)}\right)} = T^{-\beta} \qquad (23)$$

Dans le tableau (2) sont reportés les exposants de dépendance en température α et β associés aux différentes énergies intermoléculaires.

Type d'interaction	Potentiel $\propto r^{-p}$	$\gamma \propto T^{-\alpha}$	$\eta \propto T^{-\beta}$
	p	α	β
$\mu\,\mu$	3	1	7/4
$\mu\,\theta$	4	5/6	3/2
$\theta\,\theta$	5	3/4	11/8
$\mu\,\mu_{induit}$	6	7/10	13/10
sphère dure	∞	1/2	1

Tableau (2) : Les coefficients de dépendance en température α et β relatifs, respectivement, à l'élargissement collisionnel et au déplacement de fréquence de raie induits par pression.

c- Moyenne des taux complexes sur les vitesses relatives

Le taux de relaxation complexe $\widetilde{\Gamma}(v_a)$ pour une classe de vitesse absolue v_a des molécules actives résulte de la moyenne statistique sur toutes les vitesses relatives {Coy 1980, Haekel et Mäder 1991}:

$$\widetilde{\Gamma}(v_a) = \int_0^\infty dv_r \, f(v_r|v_a) \, \widetilde{\Gamma}(v_r) \qquad (24)$$

où $f(v_r|v_a)$ est la fonction de distribution conditionnelle des vitesses relatives v_r pour un module donné des vitesses absolues v_a des molécules actives {Coy 1980, Pickett 1980}:

$$f(v_r|v_a) \, dv_r = \frac{2}{\pi^{\frac{1}{2}}} \frac{v_r}{v_a v_{b0}} \sinh\left(\frac{2 v_r v_a}{v_{b0}^2}\right) \exp\left(-\frac{v_r^2 + v_a^2}{v_{b0}^2}\right) dv_r \quad (25)$$

où v_{b0} est la vitesse la plus probable des molécules perturbatrices.

L'importance des corrélations entre les vitesses moléculaires et les taux de relaxation induits par collision dépend, d'une part, de la forme fonctionnelle du taux $\tilde{\Gamma}(v_r)$ (éq. (17)) et, d'autre part, des masses m_a et m_b des molécules absorbante et perturbatrice par l'intermédiaire de la fonction de distribution $f(v_r | v_a)$ qui dépend fortement du rapport m_a/m_b. D'un autre côté, la nature des forces intermoléculaires affecte aussi les effets liés à la dépendance en vitesse des taux de relaxation complexe. Pour un modèle de collision de sphère dure, par exemple, la partie réelle de la section efficace de collision, liée à la relaxation, est une constante et le taux de relaxation $\gamma(v_r)$ est une fonction linéaire de v_r:

$$\gamma(v_r) \propto v_r \qquad (26)$$

Pour un modèle de potentiel d'interaction plus réaliste, la section efficace de collision décroît avec les vitesses relatives v_r mais en tout cas le taux correspondant est une fonction croissante de v_r.

Afin d'analyser les profils de raie (ou les signaux transitoires) marqués par des effets de dépendance en vitesse de la relaxation, plusieurs modèles plus ou moins phénoménologiques ont été développés dans la littérature. Le lecteur en trouvera une synthèse dans les paragraphes (2.2), (2.3) et (2.4). Il est évident que sur un plan aussi bien qualitatif que quantitatif, une meilleure description de ces effets de dépendance en vitesse passe nécessairement, d'une part, par une modélisation réaliste des interactions moléculaires et, d'autre part, par la prise en compte du rôle prédominant de la masse relative des molécules partenaires. Un calcul de collisions moléculaires mené sur la base du formalisme d'Anderson {1949}, Tsao et Curnutte {1962} et Frost {1976} devrait constituer une approche bien adaptée des phénomènes.

2.2 Modèle de Berman et Pickett (BP)

Un traitement théorique très important incluant la dépendance en vitesse des taux de relaxation complexe a été proposé par Berman {1972} et Pickett {1980}. Ces deux auteurs modélisent l'évolution en vitesse relative des taux de relaxation complexe par une loi en puissance de la forme:

$$\widetilde{\Gamma}(v_r) = \gamma(v_{r0}) \left(\frac{v_r}{v_{r0}} \right)^n + i\, \eta(v_{r0}) \left(\frac{v_r}{v_{r0}} \right)^m \tag{27}$$

où:

$$v_{r0} = \left(\frac{2k_B T}{\mu} \right)^{1/2}$$

est la vitesse relative la plus probable et μ la masse réduite des partenaires de collision. $\gamma(v_{r0})$ et $\eta(v_{r0})$ sont, respectivement, les taux de relaxation et de déplacement de fréquence associés à la classe de vitesse relative la plus probable. Les exposants n et m dépendent du potentiel d'interaction considéré. Ce modèle apparaît réaliste dans la mesure où il considère la nature des forces intermoléculaires et l'influence des masses des deux partenaires à travers la fonction de distribution conditionnelle.

On rappelle que, pour une dépendance du potentiel d'interaction moléculaire en r^{-p} (r étant la distance intermoléculaire), les paramètres n et m sont données par {Birnbaum 1967, Pickett 1980}:

$$n = \frac{p-3}{p-1} \quad \text{et} \quad m = -\frac{3}{p-1} \tag{28}$$

n varie à partir de 0 pour une interaction dipôle-dipôle jusqu'à 1 pour un modèle de sphère dure, alors que m varie entre -1.5 et 0 pour une même progression du potentiel (voir tableau (1)).

Le taux de relaxation complexe $\widetilde{\Gamma}(v_a)$ pour une classe moléculaire de vitesse absolue v_a est obtenu en effectuant la moyenne des taux $\widetilde{\Gamma}(v_r)$ sur toutes les vitesses relatives (voir éq. (24)):

$$\widetilde{\Gamma}(v_a) = \gamma(v_a) + i\, \eta(v_a)$$

$$= \gamma(v_{r0}) \int_0^\infty \left(\frac{v_r}{v_{r0}} \right)^n f(v_r | v_a)\, dv_r + i\, \eta(v_{r0}) \int_0^\infty \left(\frac{v_r}{v_{r0}} \right)^m f(v_r | v_a)\, dv_r \tag{29}$$

$f(v_r | v_a)$ est la fonction de distribution conditionnelle donnée par l'équation (25).

En introduisant les variables réduites $x = v_r/v_{b0}$ et $y = v_a/v_{b0}$, on obtient:

$$\widetilde{\Gamma}(v_a = y\, v_{b0}) = \frac{2}{\pi^{\frac{1}{2}}} \frac{\exp(-y^2)}{y} \times \Bigg\{$$

$$\gamma(v_{r0}) \left(\frac{1}{1+\lambda}\right)^{\frac{n}{2}} \int_0^\infty dx\, x^{n+1} \sinh(2xy) \exp(-x^2)$$

$$+ i\,\eta(v_{r0}) \left(\frac{1}{1+\lambda}\right)^{\frac{m}{2}} \int_0^\infty dx\, x^{m+1} \sinh(2xy) \exp(-x^2) \Bigg\} \qquad (30)$$

où $\lambda = m_b/m_a$ est le rapport des masses m_b de la molécule perturbatrice et m_a de la molécule active.

L'intégrale: $\int_0^\infty dx\, x^{n+1} \sinh(2xy) \exp(-x^2)$ peut s'écrire sous la forme {Gradshteyn et Ryzhik 1965}:

$$\int_0^\infty dx\, x^{n+1} \sinh(2xy) \exp(-x^2) = \frac{y\,\pi^{\frac{1}{2}}}{2^{n+1}} \frac{\Gamma(n+2)}{\Gamma\left(1+\frac{n}{2}\right)} M\left(\frac{n+3}{2}, \frac{3}{2}, y^2\right)$$

où Γ est la fonction gamma et $M(a,b,z)$ la fonction hypergéométrique confluente définie par {Abramowitz et Stegun 1970}:

$$M(a,b,z) = 1 + \frac{a\,z}{b} + \frac{a\,(a+1)z^2}{b\,(b+1)2!} + \frac{a\,(a+1)(a+2)z^3}{b\,(b+1)(b+2)3!} + \cdots \qquad (31)$$

et en tenant compte des relations:

$$M(a,b,-z^2) = \exp(-z^2)\, M(b-a, b, z^2)$$

et

$$\Gamma(2z) = (2\pi)^{-\frac{1}{2}}\, 2^{2z-\frac{1}{2}}\, \Gamma(z)\, \Gamma\left(z + \frac{1}{2}\right)$$

on peut alors écrire:

$$\widetilde{\Gamma}(v_a = y\, v_{b0}) = \frac{2}{\pi^{\frac{1}{2}}} \left\{ \gamma(v_{r0}) \left(\frac{1}{1+\lambda}\right)^{\frac{n}{2}} \Gamma\left(\frac{n+3}{2}\right) M\left(\frac{-n}{2}, \frac{3}{2}, -y^2\right) \right.$$
$$\left. + i\, \eta(v_{r0}) \left(\frac{1}{1+\lambda}\right)^{\frac{m}{2}} \Gamma\left(\frac{m+3}{2}\right) M\left(\frac{-m}{2}, \frac{3}{2}, -y^2\right) \right\}$$

(32)

où $\gamma(v_{r0})$ et $\eta(v_{r0})$ sont, rappelons le de nouveau, les taux correspondant à la classe de vitesse relative la plus probable.

On peut finalement réécrire l'équation (32) sous la forme:

$$\widetilde{\Gamma}(v_a = y\, v_{b0}) \equiv \widetilde{\Gamma}_{hyp}(v_a)$$
$$= \gamma_{0h}(\lambda, n)\, M\left(\frac{-n}{2}, \frac{3}{2}, -y^2\right) + i\, \eta_{0h}(\lambda, m)\, M\left(\frac{-m}{2}, \frac{3}{2}, -y^2\right)$$

(33)

où $\gamma_{0h}(\lambda, n)$ et $\eta_{0h}(\lambda, m)$ sont, respectivement, le taux de relaxation et le taux de déplacement de fréquence pour la classe de vitesse absolue nulle. Ils dépendent du rapport des masses λ et des paramètres d'interaction n et m. Dés lors que les exposants n et m n'évoluent pas en fonction de la température, l'expression (33) comporte la dépendance en température uniquement à travers les termes $\gamma_{0h}(\lambda, n)$ et $\eta_{0h}(\lambda, m)$ qui sont liés aux taux moyens $\gamma(v_{r0})$ et $\eta(v_{r0})$ associés à la vitesse relative la plus probable.

Les taux de relaxation $\gamma(v_a)$ et de déplacement de fréquence $\eta(v_a)$ dans ce modèle de BP ont été évalués pour différentes énergies d'interaction en utilisant un algorithme numérique que nous avons mis au point. La figure (3) montre une famille de courbes représentant le taux de relaxation normalisé $\gamma(v_a)/\gamma(v_{a0})$ et le taux de déplacement de fréquence normalisé $\eta(v_a)/\eta(v_{a0})$ en fonction de la vitesse réduite v_a/v_{b0}. Ce sont des courbes universelles qui ont été représentées de différentes façons par plusieurs auteurs {Ward et al. 1974, Pickett 1980, Coy 1980, Shannon et al. 1986}. Soulignons le fait que ces courbes sont indépendantes de la température.

Il apparaît clairement, à partir de cette étude, que les effets de dépendance en vitesse sont fortement corrélés avec la masse relative des partenaires de collision et le type d'interaction moléculaire. A partir des courbes de la figure (3), on s'aperçoit que la corrélation entre efficacité de collision et distribution de vitesses devient significative quand le rapport des masses λ ($= m_b/m_a = (v_a/v_{b0})^2$) approche l'unité et que l'effet est plus considérable lorsque λ augmente.

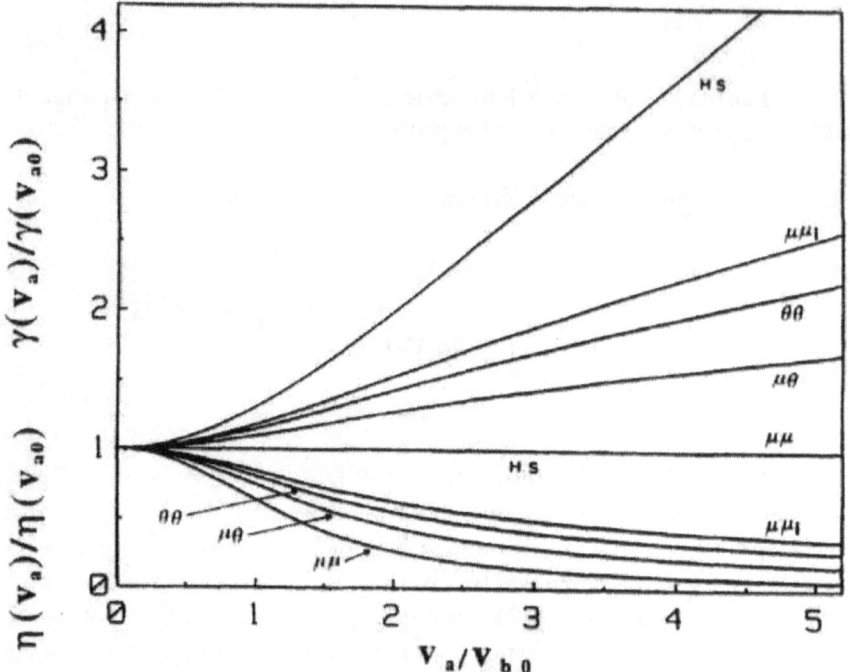

Figure (3) : Dépendance des taux de relaxation et de déplacement de fréquence induits par collision avec la vitesse absolue v_a des molécules actives. On a tracé les taux en fonction de la vitesse absolue pour différentes valeurs des paramètres n et m liés à la dépendance en vitesse relative de ces mêmes taux (modèle de Berman-Pickett). Les taux sont normalisés aux taux associés à la classe de vitesse nulle et les vitesses absolues sont exprimées en unités de la vitesse la plus probable v_{b0} du perturbateur.

Par ailleurs, étant donné que $\gamma(v_a)$ et $\eta(v_a)$ sont corrélés de manière qu'une dépendance en vitesse des déplacements de fréquence n'est observée qu'en présence d'une dépendance en vitesse de la relaxation, il découle des courbes de la figure (3) que l'influence de la distribution des vitesses sur les déplacements de fréquence sera plus sensible pour des partenaires de collision de masses comparables.

Concernant l'influence de la nature du potentiel intermoléculaire, les courbes de la figure (3) montrent que les vitesses moléculaires sont en forte corrélation avec le processus de relaxation collisionnelle dans un modèle de sphère dure, alors que cette corrélation est nulle pour une interaction dipôle-dipôle. Il s'ensuit également que l'effet de la distribution des vitesses moléculaires sur les taux de déplacement de fréquence devrait être sensible dans le cas d'une interaction dipôle-dipôle et négligeable dans un modèle de sphère dure.

L'expression du taux de relaxation complexe donnée par l'équation (33) conduit à des calculs relativement compliqués pour l'interprétation des résultats expérimentaux. Des modèles phénoménologiques approximatifs ont été développés pour analyser de façon simple les différentes conséquences de la dépendance en vitesse.

2.3 Modèles de dépendance linéaire en v_r et en v_a

i/ Coy {1980}, Fraser et Coy {1985}, Nicolaisen et Mäder {1991} considèrent une dépendance linéaire de la relaxation par rapport à la vitesse absolue:

$$\gamma(v_a) = \gamma_0 + \gamma_1 \frac{v_a - \overline{v}_a}{\overline{v}_a} \qquad (34)$$

où:

$$\overline{v}_a = \left(\frac{8\,k_B T}{\pi\,m_a} \right)^{1/2}$$

est la vitesse absolue moyenne, γ_0 et γ_1 sont des paramètres phénoménologiques. Dans ce modèle, il est assez difficile d'expliciter de façon analytique l'expression de la polarisation complexe totale. De plus, les taux ainsi modélisés présentent aux faibles vitesses des écarts importants à la forme théorique exacte de $\gamma(v_a)$ {Rohart et al. 1994}.

ii/ De la même façon, Haekel et Mäder {1991} utilisent une dépendance linéaire en vitesse relative du taux de relaxation:

$$\gamma(v_r) = \gamma_{0r} + \gamma_{1r} \frac{v_r - \overline{v}_r}{\overline{v}_r} \qquad (35)$$

où:

$$\overline{v}_r = \overline{v}_a \left(1 + \frac{m_a}{m_b}\right)^{1/2}$$

est la vitesse relative moyenne, γ_{0r} et γ_{1r} sont des paramètres phénoménologiques. $\gamma(v_a)$ se déduit par intégration numérique de l'équation (24). Ce modèle conduit à un bon accord avec la forme exacte de $\gamma(v_a)$ qui a un profil quadratique aux faibles vitesses, mais nécessite des calculs numériques importants.

2.4 Modèle quadratique

iii/ Dans le cadre de la modélisation théorique de BP, les taux de relaxation complexe présentent un caractère parabolique qui se révèle comme un développement asymptotique de la fonction hypergéométrique confluente. En s'inspirant de ce résultat, Rohart et al. {1994 ; 1997} proposent un modèle phénoménologique simple qui consiste à introduire une forme quadratique pour $\gamma(v_a)$:

$$\gamma(v_a) = \gamma_{0q} + \gamma_{1q} \frac{v_a^2 - v_{a0}^2}{v_{a0}^2} \qquad (36)$$

Cette approche montre aux faibles vitesses v_a un meilleur accord avec la forme réelle de $\gamma(v_a)$ que celui donné par l'équation (34). γ_{0q} est le taux de relaxation pour la classe de vitesse la plus probable v_{a0} et γ_{1q} est un paramètre positif qui décrit l'augmentation de la relaxation avec la vitesse v_a des molécules actives.

Ce modèle a été étendu aux déplacements de fréquence induits par pression:

$$\eta(v_a) = \eta_{0q} + \eta_{1q} \frac{v_a^2 - v_{a0}^2}{v_{a0}^2} \qquad (37)$$

De façon équivalente, η_{0q} est le taux de déplacement de fréquence pour la classe moléculaire de vitesse la plus probable v_{a0} et η_{1q}, qui est de signe contraire à celui de η_{0q}, décrit la dépendance du déplacement de fréquence avec la vitesse absolue des molécules absorbantes. Sous forme compacte, la relaxation complexe s'écrit alors:

$$\widetilde{\Gamma}(v_a) = \widetilde{\Gamma}_{0q} + \widetilde{\Gamma}_{1q}\,\frac{v_a^2 - v_{a0}^2}{v_{a0}^2} \tag{38}$$

$$\text{avec } \widetilde{\Gamma}_{0q} = \gamma_{0q} + i\,\eta_{0q} \text{ et } \widetilde{\Gamma}_{1q} = \gamma_{1q} + i\,\eta_{1q} \tag{39}$$

En introduisant l'équation (38) dans l'expression de la polarisation complexe totale donnée par l'équation (15), on obtient:

$$\widetilde{p}(t) = \widetilde{p}(0)\,\exp\left(i(\omega_0 - \omega)t\right)\,\exp\left(-\left(\widetilde{\Gamma}_{0q}^* - \widetilde{\Gamma}_{1q}^*\right)t\right) \times$$
$$\int_0^\infty dv_a\,f(v_a)\,\text{sinc}\,(kv_a t)\,\exp\left(\frac{v_a^2\,\widetilde{\Gamma}_{1q}^*\,t}{v_{a0}^2}\right) \tag{40}$$

En utilisant la distributions des normes des vitesses (éq. (16)) et en intégrant par parties, il vient:

$$\widetilde{p}(t) = \widetilde{p}(0)\,\exp(i(\omega_0 - \omega)t)\,\frac{\exp\left(-\left(\widetilde{\Gamma}_{0q}^* - \widetilde{\Gamma}_{1q}^*\right)t\right)}{\left(1 + \widetilde{\Gamma}_{1q}^*\,t\right)^{\frac{3}{2}}}\,\exp\left(-\frac{(kv_{a0}\,t)^2}{4\left(1 + \widetilde{\Gamma}_{1q}^*\,t\right)}\right)$$
$$\tag{41}$$

Ce résultat est une généralisation du profil de raie proposé par Rohart et al. {1994 ; 1997} lorsque les taux de déplacement de fréquence sont dépendants des vitesses moléculaires. Il est particulièrement important et réclame certains commentaires du moment qu'il permet une modélisation tout à fait simple du signal d'émission transitoire (ou du profil spectral obtenu par transformée de Fourier) lorsqu'il est marqué d'effets liés à la distribution des vitesses. Grâce au modèle quadratique adopté pour décrire la dépendance des taux de collision avec la vitesse absolue des molécules actives (éq. (38)), nous avons obtenu une généralisation du profil de Voigt qui, dans le domaine des temps, se présente sous forme analytique exacte. Outre l'avantage d'interpréter de façon naturelle le processus de relaxation induit par collision, le résultat obtenu dans le cadre du modèle empirique utilisé devrait permettre de comprendre les écarts observés expérimentalement au profil de Voigt et de quantifier l'affinement et l'asymétrie de raie liés à la dépendance en vitesse.

3. Interprétation

Le résultat analytique général (éq. (41)) acquis dans le paragraphe précédent permet une interprétation simple des effets engendrés par la dépendance en vitesse. Aussi allons nous au cours de ce paragraphe entreprendre une discussion sur les modifications de formes de raie (ou de signaux transitoires) qui interviennent lorsque les taux sont corrélés aux vitesses moléculaires. Nous retrouvons d'abord le profil temporel de Voigt en l'absence de telles corrélations. Nous présentons ensuite le cas où le profil collisionnel est affecté par une décroissance ralentie liée à la dépendance en vitesse des taux de relaxation. Enfin, nous décrirons le cas où le signal de précession optique présente des dérives de fréquence d'émission, constatées lorsque les taux de déplacement sont dépendants des vitesses.

3.1 Absence de dépendance en vitesse

Si la dépendance en vitesse de la relaxation est négligée, les paramètres γ_{1q} et η_{1q} sont nuls, l'équation (41) se réduit au résultat habituel:

$$\widetilde{p}(t) = \widetilde{p}(0) \exp\left(i \left(\omega_0 - \omega + \eta\right)t \right) \exp\left(- \gamma t\right) \exp\left(- \frac{\left(kv_{a0}\, t\right)^2}{4} \right) \quad (42)$$

où γ et η sont des taux de relaxation et de déplacement de fréquence indépendants de la vitesse. Le signal temporel est une pure exponentielle amortie dont la partie réelle de la transformée de Fourier est simplement le profil de Lorentz qui se combine à l'élargissement Doppler pour donner le profil de Voigt. Dans ce cas, le facteur

$$\exp\left(- \frac{\left(kv_{a0}\, t\right)^2}{4} \right) \quad (43)$$

décrit l'amortissement du signal lié à l'effet Doppler.

3.2 Dépendance en vitesse de la relaxation seule

Quand les taux de relaxation dépendent de la vitesse des molécules actives mais non les déplacements de fréquence, la polarisation macroscopique du système moléculaire s'écrit:

$$\widetilde{p}(t) = \widetilde{p}(0) \, \frac{\exp\left(i\left(\omega_0 - \omega + \eta\right)t\right)}{\left(1 + \gamma_{1q}t\right)^{\frac{3}{2}}} \, \exp\left(-\left(\gamma_{0q} - \gamma_{1q}\right)t\right) \times$$
$$\exp\left(-\frac{\left(kv_{a0}\,t\right)^2}{4\left(1 + \gamma_{1q}\,t\right)}\right) \tag{44}$$

Une image illustrative des conséquences de cette dépendance en vitesse est donnée par le terme

$$\exp\left(-\frac{\left(kv_{a0}\,t\right)^2}{4\left(1 + \gamma_{1q}\,t\right)}\right) \tag{45}$$

qui représente l'amortissement de la polarisation totale dû à l'effet Doppler. Le terme $\left(1 + \gamma_{1q}\,t\right)$ introduit une diminution de la vitesse la plus probable des molécules polarisées au cours du temps, ce qui entraîne une réduction de l'effet Doppler avec l'accroissement du temps. En effet, puisque chacune des classes de vitesse relaxe différemment avec un taux caractéristique qui est une fonction croissante de la vitesse relative des partenaires de collision, les molécules dont les vitesses sont élevées relaxent rapidement, alors que les molécules lentes relaxent moins vite et contribuent plus longtemps au signal observé. Il y a modification de la distribution des vitesses des molécules polarisées qui devient de plus en plus rétrécie dans le temps de sorte que son maximum se déplace vers les vitesses faibles (fig. 4).

En notant qu'à l'instant initial $t = 0$ la décroissance temporelle du signal est caractérisée par la moyenne du taux $\gamma(v_a)$ pondéré par la distribution des vitesses moléculaires:

$$\langle\gamma(v_a)\rangle = \int_0^\infty \gamma(v_a)\,f(v_a)\,dv_a = \gamma_{0q} + \frac{\gamma_{1q}}{2} \tag{46}$$

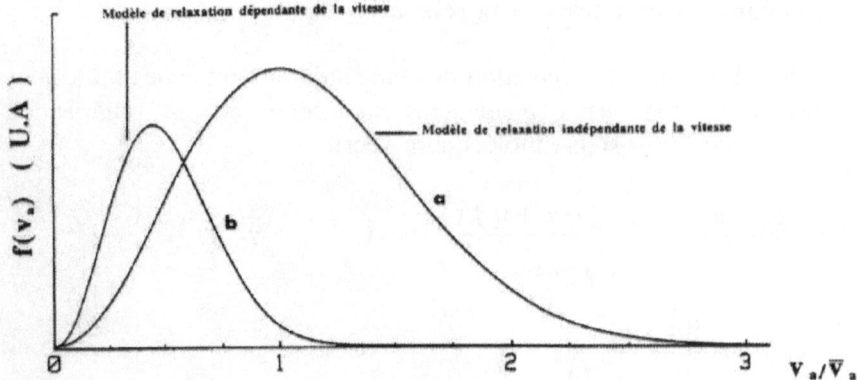

Figure (4) : Comportement de la distribution des vitesses moléculaires au cours du temps : (a) A l'instant t = 0, c'est-à-dire à la fin de l'impulsion d'excitation, la distribution des vitesses est Maxwellienne. (b) Après un délai t positif, les effets de dépendance en vitesse entraînent un rétrécissement et un déplacement vers les faibles vitesses du profil Maxwellien. Ces tendances deviennent de plus en plus importantes au cours du temps. Les courbes (a) et (b) ne sont pas présentées à la même échelle en ordonnées ((b) est beaucoup plus petit que (a)).

et qu'aux instants ultérieurs, cette décroissance est ralentie puisque les molécules lentes restent plus longtemps polarisées, le signal d'émission transitoire montre un caractère non exponentiel de la relaxation collisionnelle. La forme de la raie $I(\omega)$ donnée par la transformée de Fourier du signal ne peut pas être une forme de Voigt. Le signal de précession montre une décroissance plus lente que celle donnée par une simple loi exponentielle, cet effet se traduit par un affinement de la forme de raie.

3.3 Dépendance en vitesse de taux de déplacement de fréquence de raie

L'équation (41) est le résultat général qui décrit l'évolution temporelle de la polarisation complexe totale, qui a été préparée dans le système, quand on tient compte des corrélations entre la distribution des vitesses moléculaires et les taux de relaxation et de déplacement de fréquence induits par pression.

Les déplacements de fréquence de la raie d'absorption peuvent s'expliquer par un changement de la phase du signal de précession optique induit par collision. Il est maintenant intéressant de réécrire l'équation (41) en faisant apparaître le terme de phase du signal. Du fait que:

$$1 + \widetilde{\Gamma}_{1q}^{*}\, t = \left|1 + \widetilde{\Gamma}_{1q}\, t\right|\ \exp\left(-\,i\, \text{arctg}\left(\frac{\eta_{1q}\, t}{1 + \gamma_{1q}\, t}\right)\right)$$

l'équation (41) peut encore s'écrire:

$$\widetilde{p}(t) = \widetilde{p}(0)\ \frac{\exp\left(i\,(\omega_0 - \omega)\, t\right)}{\left|1 + \widetilde{\Gamma}_{1q}\, t\right|^{\frac{3}{2}}}\ \times$$
$$\exp\left(-\left(\gamma_{0q} - \gamma_{1q}\right)t\right)\exp\left(i\,(\eta_{0q} - \eta_{1q})\, t\right)\ \times$$
$$\exp\left(-\frac{(kv_{a0}\, t)^2}{4\left|1 + \widetilde{\Gamma}_{1q}\, t\right|^2}\left(1 + \gamma_{1q}\, t + i\,\eta_{1q}\, t\right) + \frac{3i}{2}\ \text{arctg}\left(\frac{\eta_{1q}\, t}{1 + \gamma_{1q}\, t}\right)\right)$$

$$(47)$$

Dans le cas où l'approximation $\left|\eta_{1q}\right| \ll \gamma_{1q}$ est justifiée, la polarisation complexe totale induite dans le gaz moléculaire s'écrit alors:

$$\widetilde{p}(t) = \widetilde{p}(0)\ \frac{\exp\left(i\,(\omega_0 - \omega)\, t\right)}{\left|1 + \gamma_{1q}\, t\right|^{\frac{3}{2}}}\ \times$$
$$\exp\left(-\left(\gamma_{0q} - \gamma_{1q}\right)t\right)\exp\left(i\,(\eta_{0q} - \eta_{1q})\, t\right)\ \times$$
$$\exp\left(-\frac{(kv_{a0}\, t)^2}{4\left(1 + \gamma_{1q}\, t\right)}\right)\exp\left(-i\,\frac{\eta_{1q}\, t}{1 + \gamma_{1q}\, t}\left(\frac{(kv_{a0}\, t)^2}{4\left(1 + \gamma_{1q}\, t\right)} - \frac{3}{2}\right)\right)$$

$$(48)$$

Si on considère que pour les différentes classes de vitesse, le taux de déplacement de fréquence est le même (η_{1q} est donc nul), la phase du signal varie alors linéairement par rapport au temps:

$$\varphi(t) = \left(\omega_0 - \omega + \eta_{0q}\right)t \qquad\qquad (49)$$

Dans le cas contraire, où le taux de déplacement de fréquence est différent pour chaque classe de vitesse, la phase du signal comporte alors, en plus du terme linéaire, un terme non linéaire par rapport au temps (voir éq. (48)) et s'écrit à l'ordre le plus bas:

$$\varphi(t) = \left(\omega_0 - \omega + \eta_{0q} - \eta_{1q}\right) t - \frac{\eta_{1q} t}{1 + \gamma_{1q} t} \left(\frac{\left(k v_{a0} \, t\right)^2}{4 \left(1 + \gamma_{1q} \, t\right)} - \frac{3}{2}\right)$$

(50)

Ceci conduit donc à une variation de la fréquence du signal de précession optique au cours du temps.

D'un autre point de vue plutôt qualitatif, les taux de déplacement de fréquence décroissent avec les vitesses relatives des partenaires de collision: les molécules plus lentes relaxent moins vite et présentent donc un déplacement de fréquence induit par collision plus fort, par comparaison avec les molécules rapides. Elles réémettent donc un signal pendant une durée plus longue et à une fréquence différente. Ceci entraîne au cours du temps une variation de la fréquence d'émission du signal, ce qui se traduit dans le domaine spectral par une asymétrie de la forme de raie.

4. Rétrécissement et asymétrie du profil: rôle de la masse relative des molécules partenaires et du type d'interaction

Nous avons examiné en détail les distorsions du profil de raie induites par les corrélations entre le processus collisionnel et les vitesses moléculaires. Nous discuterons dans ce qui suit de l'influence de la masse relative des partenaires de collision et des types d'interactions collisionnelles sur ce phénomène.

4.1 Approche qualitative

Des effets importants de dépendance en vitesse des taux de relaxation sont prédits quand le rapport des masses m_b/m_a des molécules perturbatrice et active est grand. En effet, dans le cas d'un perturbateur très léger, la vitesse relative des molécules partenaires est très grande devant la vitesse de la molécule active de manière que les molécules tampons se trouvent en mouvement perpétuel dans un "bain" de molécules actives quasi-imobiles. La distribution des vitesses relatives est pratiquement indépendante de celle des vitesses absolues et égale à celle des vitesses des molécules tampons. $\gamma(v_a)$ et $\eta(v_a)$ sont donc quasiment constant par rapport à v_a:

$$\gamma(v_a) = \langle \gamma(v_r) \rangle \approx cte \big|_{v_a} \quad et \quad \eta(v_a) = \langle \eta(v_r) \rangle \approx cte \big|_{v_a}$$

Dans le cas opposé d'un perturbateur très lourd, les vitesses relatives et absolues sont fortement corrélées. Les molécules actives se meuvent dans un environnement de perturbateurs quasi-stationnaires. La distribution des vitesses relatives reflète celle des vitesses absolues des molécules actives de sorte que chaque classe moléculaire est caractérisée par un taux de relaxation complexe différent:

$$\gamma(v_a) \cong \gamma(v_r) \quad et \quad \eta(v_a) \cong \eta(v_r)$$

4.2 Approche numérique

Comme il a été souligné au paragraphe (2.2), le modèle de BP se révèle comme un modèle réaliste d'autant qu'il prend en compte l'influence du rapport des masses des deux partenaires de collision et du type du potentiel intermoléculaire. Les autres modèles présentés auparavant, dont le modèle quadratique, sont purement phénoménologiques et ont été suggérés pour simplifier le traitement des données expérimentales. Il nous a paru intéressant de faire le lien entre l'approche de BP et celle proposée par Rohart et al. {1994 ; 1997} et généralisée pour les taux de déplacement de fréquence. Pour faire cette connexion, nous avons réaliser un traitement numérique d'ajustement par moindres carrés qui permet d'approcher le taux de relaxation complexe $\tilde{\Gamma}_{hyp}(v_a)$ calculé pour une classe de vitesse absolue v_a, dans le modèle de BP, par la loi empirique quadratique donnée par l'équation (38). Les paramètres à ajuster sont γ_{0q} , γ_{1q} pour les taux de relaxation et η_{0q} , η_{1q} pour les taux de déplacement de fréquence. La pondération est effectuée par l'intermédiaire de la fonction de distribution de Maxwell-Boltzmann des normes des vitesses moléculaires. Les figures (5) et (6) illustrent l'évolution des rapports γ_{1q}/γ_{0q} et η_{1q}/η_{0q} en fonction du rapport des masses $\lambda = m_b/m_a$ de la paire (molécule tampon/molécule active) pour divers potentiels d'interaction collisionnelle. Cette étude met encore clairement en évidence le rôle privilégié du rapport des masses des molécules partenaires et du type d'interaction moléculaire dans les effets liés à la dépendance en vitesse.

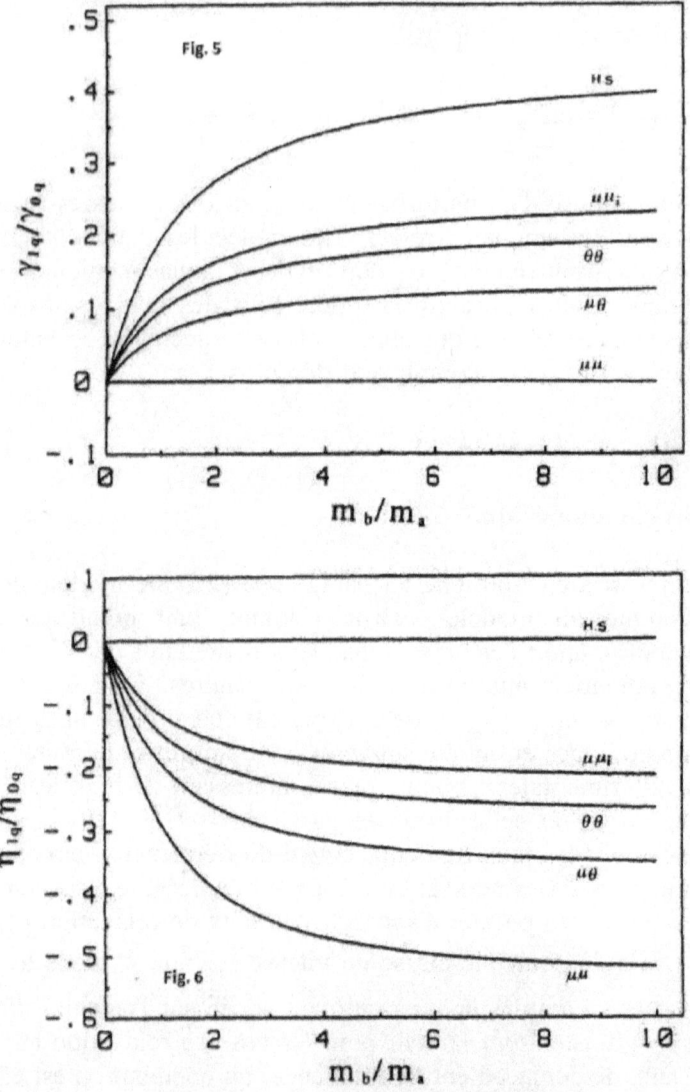

Figures (5) et (6) : Forme théorique des rapports γ_{1q}/γ_{0q} et η_{1q}/η_{0q} en fonction de la masse relative de deux molécules partenaires quelconques pour divers types d'interaction collisionnelle. γ_{0q} , γ_{1q} , η_{0q} et η_{1q} sont les paramètres de relaxation et de déplacement de fréquence utilisés dans le modèle quadratique. Ils sont obtenus ici en approchant le taux de relaxation, calculé dans le cadre du modèle de Berman-Pickett, par la loi phénoménologique quadratique. m_a et m_b sont les masses de la molécule active et de la molécule tampon.

BIBLIOGRAPHIE

Abramowitz M., Stegun I.A., Handbook of Mathematical Functions, Dover Pub, New York, 1970.

Allen L. et Eberly J.H., Optical Resonance and Two-Level Atoms, Wiley, New York, 1975.

Anderson P.W., Phys. Rev. **76**, 647 (1949).

Berman P.R., J. Quant. Spectrosc. Radiat. Transfer **12**, 1331 (1972).

Berman P.R., Levy J.M. et Brewer R.G., Phys. Rev. A **11**, 1668 (1975).

Birnbaum G., Advances in Chemical Physics **12**, 487 (1967).

Coy S.L., J. Chem. Phys. **73**, 5531 (1980).

Fraser G.T. et Coy S.L., J. Chem. Phys. **83**, 5687 (1985).

Frost B.S., J. Phys. B: At. Mol. Phys. **9**, 1001 (1976).

Gradshteyn I.S. et Ryzhik I.M., Table of Integrals, Series and Product, Academic Press, New York, 1965.

Haekel J. et Mäder H., J. Quant. Spectrosc. Radiat. Transfer **46**, 21 (1991).

Kaghat F., "Rétrécissement des raies d'absorption dans le domaine millimétrique : étude en régime transitoire cohérent", Les 5ème Journées d'Optique & du Traitement de l'Information "OPTIQUE'06", Institut National des Postes et Télécommunications (INPT), Rabat, Maroc, 19 et 20 avril 2006.

Le Gouèt J.L. et Berman P.R., Phys. Rev. A **20**, 1105 (1979).

Mäder H., J. Quant. Spectrosc. Radiat. Transfer **32**, 129 (1984).

Mizushima M., J. Quant. Spectrosc. Radiat. Transfer **7**, 505 (1967).

Nicolaisen H.W. et Mäder H., Mol. Phys. **73**, 349 (1991).

Pickett H., J. Chem. Phys.**73**, 6090 (1980).

Rohart F. et Macke B., Appl. Phys. B **26**, 23 (1981).

Rohart F., J. Opt. Soc. Am. B **3**, 622 (1986).

Rohart F., Derozier D. et Legrand J., J. Chem. Phys. **87**, 5794 (1987).

Rohart F., Mäder H. et Nicolaisen H.W., J. Chem. Phys. **101**, 6475 (1994).

Rohart F., Ellendt A., Kaghat F. et Mäder H., J. Mol. Spectrosc. **185**, 222 (1997).

Rohart F. et Kaghat F.,"HCN absorption line shapes studied by millimeter wave coherent transients: speed dependent effects and collision interaction potential", in 20th International Conference on Spectral Line Shapes, édité par J. K. C. Lewis et A. Predoi-Cross, American Institute of Physics, 209, 2010.

Schwendeman R.H., Annu. Rev. Phys. Chem. **29**, 537 (1978).

Shannon I., Harris M., MC Hugh D.R. et Lewis E.L., J. Phys. B: At. Mol. Phys. **19**, 1409 (1986).

Shoemaker R.L., in Laser and Coherence Spectroscopy, édité par Steinfeld J.I., Plenum Press, New York, 1978, pp 197-371.

Tsao C.J. et Curnutte B., J. Quant. Spectrosc. Radiat. Transfer **2**, 41 (1962).

Ward J., Cooper J. et Smith E.W., J. Quant. Spectrosc. Radiat. Transfer **14**, 555 (1974).

www.ingramcontent.com/pod-product-compliance
Lightning Source LLC
Chambersburg PA
CBHW021417170526
45164CB00002B/684